U0343010

**图书在版编目（ＣＩＰ）数据**

了不起的印刷术：字画的纸墨魔法 / 肖维玲著. --
北京：人民邮电出版社，2022.10
ISBN 978-7-115-59284-2

Ⅰ. ①了… Ⅱ. ①肖… Ⅲ. ①印刷术－中国－古代－
儿童读物 Ⅳ. ①TS8-092

中国版本图书馆CIP数据核字(2022)第081209号

♦ 著　　　　肖维玲
　责任编辑　张天怡
　责任印制　陈　犇
♦ 人民邮电出版社出版发行　　北京市丰台区成寿寺路 11 号
　邮编　100164　电子邮件　315@ptpress.com.cn
　网址　https://www.ptpress.com.cn
　北京尚唐印刷包装有限公司印刷
♦ 开本：787×1092　1/16
　印张：3　　　　　　　2022 年 10 月第 1 版
　字数：40 千字　　　　2022 年 10 月北京第 1 次印刷

定价：39.80 元

读者服务热线：(010)81055410　印装质量热线：(010)81055316
反盗版热线：(010)81055315
广告经营许可证：京东市监广登字 20170147 号

# 了不起的印刷术

四大发明

## 字画的纸墨魔法

肖维玲 ◎ 著

人民邮电出版社

北京

　　一场瑞雪之后，屋顶、大树、地面都成了白色，整个世界就像一张巨大无比的白纸。

　　肚子咕咕叫的麻雀，一路寻找食物。它走过来折过去，一圈又一圈，留下的脚印就像几行刚刚写好的字。

寂寞的黄狗正想找个玩雪的伙伴，
它飞奔过去追逐麻雀，身后一串"梅花"
点点落地。

　　于是，这张雪白的纸印上了"字"
和"画"，成为一幅作品。

相信你得过或大或小的奖状，上面一定会有你们学校的印章。古代皇帝的印章，叫玺。书法家写完字要落款，也会盖上自己的印章。就连很多幼儿园的孩子到园签到，也用自己的小图章呢。可以说，中国是印章的国度。

书法家的印章

小朋友的图章

皇帝的玉玺

学校的印章

　　有的印章，也许只刻有一个字。有的印章，可以雕一幅画，比如年画。

还有的印章，能够刻一篇完整的文章，比如古代书籍的印版。

有一天，小明在练字，发现宣纸下面压着一枚游戏币。他取来铅笔，将笔尖倾斜，隔着宣纸在游戏币上来回地涂抹。有趣的事情发生了，纸上竟然显现出游戏币的图案。

爸爸是个文物工作者，下午他带着小明去拓碑。

大將軍昌明公士行參張通妻飛白虎

夫人講貴丹楊丹人，泊聯

之轍天官地正之宗軒

于凌霄之夢璋赴持欏之

論難可而詳也

瀟義彤表瑚

丞茲桂業獨

14

爸爸把宣纸覆盖在刷了水的石碑上，轻轻拍打，擀去气泡，然后用拓包蘸墨，在纸上均匀地捶打上墨。捶啊捶啊，纸渐渐变黑了，没有变黑的地方，出现了一个个漂亮的文字，和碑上的一模一样。

宁静致远

关山月 唐 李白

明月出天山 苍茫云海间

长风几万里 吹度玉门关

汉下白登道 胡窥青海湾

由来征战地 不见有人还

戍客望边色 思归多苦颜

高楼当此夜 叹息未应闲

爸爸骄傲地说："看，这就叫拓，是咱们中国印刷术的源头。"

16

看着爸爸得意的样子，小明不服气地说："我早就会了。"说着，拿出了那张印有游戏币图案的宣纸。

　　爸爸说得对，拓是印刷的源头。在古代，很多文字是刻在石头上的，通过拓这种方法，可以把文字从石头上印到纸上。

　　小明说得也没错，他无意中也完成了一次"印刷"。

我们把印章平放在桌面上，将有字的一面朝上。接下来，在印章上有字的一面刷墨，再蒙上纸，然后均匀地用力压一压，结果会怎么样？

　　印章上面的图案、文字会显现在纸上，这可以说是一次"印刷"。

　　唐朝初年，人们从印章和拓印、刻石中得到启发，发明了雕版印刷术。能工巧匠把需要印刷的内容刻在木板上，然后就可以印书了。现代从事编辑出版图书工作的地方叫"出版社"，这里的"版"最早说的就是雕刻了文字或者图案的木版(此处的"木版"不同于"木板"，专指用来印刷刻上了文字或图案的木板)。

　　可是，并不是什么木材都适合雕版的，雕
版需要纹质细密坚实的木材，如枣木、梨木。

　　另外，雕版上的字都是反的，这样印出来
的字才是正的。

人们把要印的字写在薄纸上，反着贴在木板上，再根据每个字的笔画，用刀一笔一笔刻成阳文（指表面凸起的文字或图案）。

　　木版雕好以后，就可以印刷了。用一把刷子蘸上墨，在雕好的木版上一刷，再用白纸盖在木版上。

另外拿一把干净的刷子在纸背上轻轻刷一下，把纸拿下来，一页就印好了。这种印刷方法，是在一块木板上雕好字再印的，所以大家称它为"雕版印刷"。

1900 年，在敦煌的莫高窟，一个叫王圆箓的道士在清理洞窟时无意中发现了一个密闭的暗室，他打开一看，里面堆满了一捆捆经卷，其中一卷刻印的是《金刚经》。

29

護薄伽

訶唯帝

伊失哩

咸通九年四月十五

《金刚经》卷末有一行文字，说明是唐朝咸通九年（公元 868 年）刻印。它是世界上现存最早的标有确切年代日期的雕版印刷品。

皆大欢喜信受奉行

婆塞优婆夷一切世間天人阿

佛説是經已長老須菩提及諸

一切有為法 如夢幻泡影 如露亦如電

以故 如是

福勝彼 云何為人演説 不取於相 如如不動

此經乃至四句偈等受持讀誦 為人

用布施 若有善男子善女人 發 無量

第二天，小明和爸爸又展开了一次比赛。爸爸是篆刻高手，他在一块石板上刻了一首诗：

咏雪

一片两片三四片，
五六七八九十片。
千片万片无数片，
飞入梅花都不见。

　　小明刚学会在橡皮上刻字。他买了一大
盒橡皮，将这首诗里的字一个一个刻了出来。

眼看比赛要打成平手，不过，一切还没有结束。

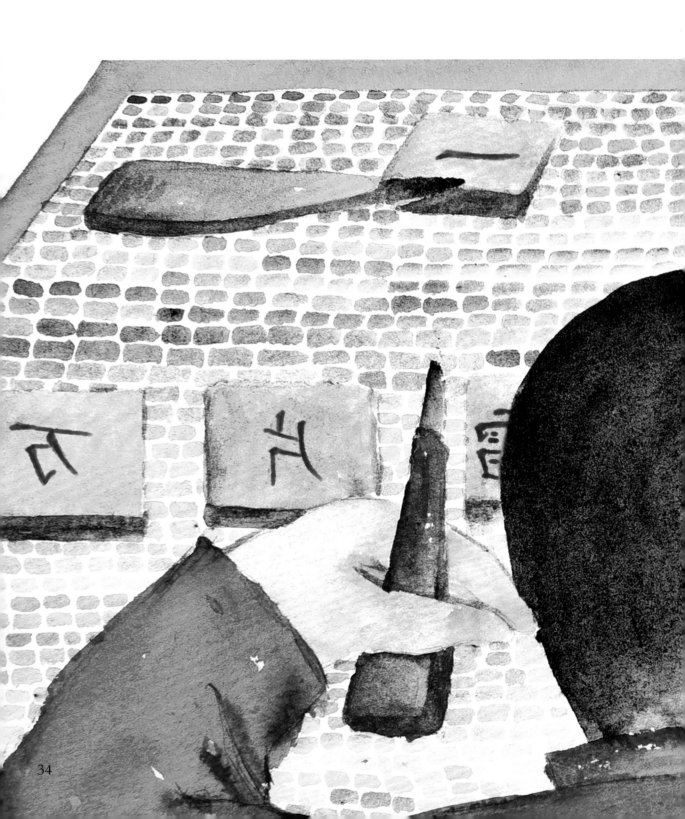

小明忽然想到了一个主意，他的橡皮印章可是"活"的啊，还能重新排队。

于是，在他的指挥下，小橡皮重新列队：

一二三四五

六七八九十

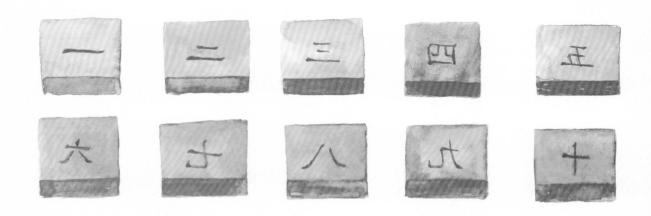

还能继续变换队形：

万片雪 一片梅

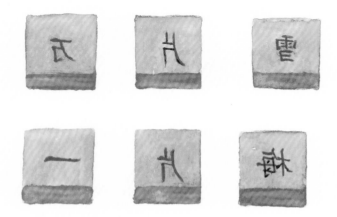

继续变阵：

一二三四千万片 梅花入雪都不见

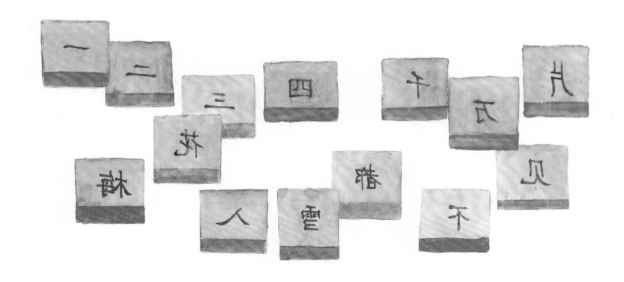

太棒了！小明的橡皮"活字"完胜！

在北宋庆历年间，有个发明家叫毕昇，他早就想到了小明的办法。他发明了活字印刷术，把人类的印刷技术提高了一大截儿。

毕昇用胶泥做成很多小方块，一面刻上单字，再用火烧硬，这就是一个一个的活字。印刷的时候，先准备好一块铁板，上面放上松香、蜡和纸灰混合而成的药剂。铁板四周围着一个铁框，在铁框内密密地排满活字，满一铁框为一版。用火在铁板底下烤，使松香和蜡等熔化，再用一块平板在排好的活字上面压一压，把字压平，等松香和蜡冷却凝固后，一块活字版就排好了。在字上涂墨，就可以印刷了。

　　为了提高效率，毕昇准备了两块铁板，两个人同时工作，一块铁板排好字印刷时，另一块铁板排字。等第一块印完，第二块已经准备好了。两块铁板交替使用，印得很快。

如果碰到没有准备的生字，就临时雕刻。再把生字放到铁板上相应的位置，把铁板放在火上烧热，使松香和蜡等熔化，然后按之前的步骤制作印版。最后把活字拆下来，下一次还能继续使用。

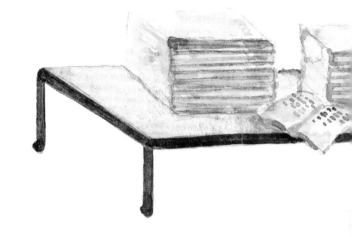

这就是最早发明的活字印刷术，是印刷术的一次巨大进步。

印刷术为知识的广泛传播、交流创造了条件，是非常了不起的成就，是人类文明史上光辉的篇章，也是我们中国人的骄傲！

## 小实验 大发明

实验材料：薄而透明的纸、橡皮、笔、小刀、颜料或印泥、普通白纸

实验步骤：

1.在薄而透明的纸上写"四""大""发""明"四个字，然后把纸翻过来，分别把四个字蒙在四块橡皮上，并按照反字的笔画，把四个字描在橡皮上。

2.用小刀小心地把这四个字刻成四枚橡皮印章。使用工具时要格外小心，要在家长的指导下操作，避免造成伤害。

3.四枚橡皮印章都刻好之后，将有字的一面朝上放好，涂上颜料（或将刻好的印章蘸上印泥）。

4.把普通白纸敷在橡皮刻好字的一面，轻轻按压后拿开，就可以看到四个字印在了纸上。

5.将四枚橡皮活字印章变换队形，就能印出不同的汉字组合。

 ……